CAMILLE BOUSCASSE

PROGRAMME

D'UN

COURS D'AGRICULTURE

RENNES

FR. SIMON, SUCCESSEUR DE A. LE ROY

IMPRIMEUR BREVETÉ

1896

PROGRAMME

D'UN

COURS D'AGRICULTURE

CAMILLE BOUSCASSE

PROGRAMME

D'UN

COURS D'AGRICULTURE

⁂

RENNES

FR. SIMON, SUCCESSEUR DE A. LE ROY
IMPRIMEUR BREVETÉ.

1896

PROGRAMME

D'UN

COURS D'AGRICULTURE

INTRODUCTION

Historique de l'Agriculture. — Exposé sommaire du développement de l'agriculture depuis les temps anciens jusqu'à nos jours. — Les trois âges de l'agriculture : l'empirisme, — la tradition, — l'agriculture industrielle. — Quelques mots biographiques sur les agronomes anciens et modernes qui ont le plus contribué aux progrès de l'agriculture. — Définition et importance de l'agriculture. — L'agriculture est une grande industrie : — Métier, — Art, — Science, — Cultivateur, — Agriculteur, — Agronome. — Théorie et pratique. — Succès et revers en agriculture. — Étendue et limites de l'agronomie. — Plan général d'un cours d'agriculture pratique. — Division : — L'agronomie comprend :

I. — La climature ou l'atmosphère dans ses rapports avec la plante ;

II. — L'agrologie ou la terre végétale dans ses rapports avec la plante ;

III. — L'agriculture proprement dite.

PREMIÈRE PARTIE

LA CLIMATURE

ACTIONS DOMINANTES DES AGENTS ATMOSPHÉRIQUES
SUR LA VÉGÉTATION DES PLANTES.

A. *Le soleil :* — Centre du monde, origine et cause de tout mouvement, — 1° Le soleil est la cause des vents ; — 2° Le soleil est la cause de la pluie ; — 3° Le soleil est la cause première de la végétation. — Action universelle du soleil.

B. *L'atmosphère :* — Sa composition et ses principales propriétés. — Nutrition des plantes dans l'air. — Les poussières atmosphériques. — L'air est indispensable à la productivité des terres.

C. *Actions de la chaleur sur la plante :* — *a.* Effets des températures moyennes : — La chaleur met la plante en état de vivre ; — *b.* Limites des températures compatibles avec la vie végétale ; — *c.* Dommages causés par les excès de chaleur ; — *d.* Dommages causés par les excès du froid ; — *e.* Dommages causés par les gelées blanches.

D. *Actions de la lumière sur la plante*. — Le rendement de la récolte est fonction de la lumière.

E. *Actions de l'électricité sur la végétation*.

F. *Actions des eaux météoriques :* — L'eau est indispensable à la vie des plantes. — Météores aqueux : — Brouillards. — Rosée. — Pluie. — Neige, — Grêle.

G. *Actions dominantes de la climature sur les plantes agricoles*.

H. *Variabilité des climats :* — Caractères de la végétation des plantes agricoles sous les climats : chauds, tempérés, froids. — Climats généraux de la France. — Principaux faits agricoles qui s'y rattachent. — Limites climatiques des principales plantes agricoles.

L'AGROLOGIE

ÉTUDE DE LA TERRE VÉGÉTALE DANS SES RAPPORTS
AVEC LA PLANTE ;
APPRÉCIATION ET APPROPRIATION DES TERRES CULTIVÉES.

CHAPITRE I

Origine et formation de la terre végétale.

Définitions. — Terre végétale, — terre arable, — sol, — sous-sol, — terrain agricole, — pays agricole.

A. *Généralités sur la formation ancienne :* — La terre dans l'espace. — 1° *Origine des éléments minéraux :* — *a*. Formation des roches ignées; — *b*. Formation des roches sédimentaires; — *c*. Formation des roches volcaniques. — 2° *Origine des éléments organiques*, dans les dépôts sédimentaires anciens : — *a*. Période primaire; — *b*. Période secondaire; — *c*. Période tertiaire; — *d*. Période quaternaire.

B. *Formation des terres végétales :* — Désagrégation des roches; — Actions particulières des agents érosifs.
— Travail des eaux. — Rôle des vers de terre. — Modes de
formation des terres.

I. — TERRES FORMÉES SUR PLACE OU TERRES LOCALES :
A. *Terres locales provenant des roches primitives ignées.*
— a. Terres granitiques; — b. Terres volcaniques.

II. — TERRES LOCALES PROVENANT DES ROCHES SÉDIMEN-
TAIRES ANCIENNES : — 1° Terres primaires ou schisteuses;
— 2° Terres des régions secondaires : — a. Terres triasiques;
— b. Terres jurassiques; — c. Terres crétacées. — 3° Terres
des régions tertiaires : — a. Bassin tertiaire parisien; —
b. Terres tertiaires des Landes; — c. La Bresse et la Dombes;
— d. La Crau; — e. Terres tertiaires du plateau central et
de la Bretagne. — 4° Terres quaternaires.

B. *Terres de transport ou terres alluvionnaires modernes :*
1° Terres paludéennes; — 2° Terres fluviales; — 3° Terres
marines; — 4° Dunes; — 5° Formation madréporique.

C. *La terre actuelle.* — Les continents et les mers. —
Indestructibilité de la matière. — Permanence de la force.

CHAPITRE II

Étude des éléments constitutifs de la terre végétale.

Éléments constitutifs de la terre végétale indispensables au
développement des plantes agricoles. — Description sommaire

de ces éléments constitutifs et étude de leurs propriétés générales au point de vue agrologique.

I. — ÉLÉMENTS MINÉRAUX : — 1° *De la Silice*, — variétés, — propriétés principales; — Effets de la silice dans les terres. — 2° De l'alumine et *des argiles :* — Variétés d'argiles. — Propriétés principales. — Effets des argiles dans les terres. — 3° *De la chaux :* — *A. Des calcaires;* — Variétés; — Propriétés; — Effets multiples des calcaires dans les terres. — *B.* Du sulfate de chaux. — *C.* Des phosphates de chaux : — Variétés. — Effets et importance des phosphates dans les terres végétales. — 4° *De la magnésie.* — 5° *De la potasse.* — 6° *De la soude* et du chlorure de sodium. — 7° et 8° *Des oxydes de fer et de manganèse.*

II. — ÉLÉMENTS ORGANIQUES : — *Du terreau et de ses dérivés.* — Formation et destruction du terreau dans les terres. — Effets multiples du terreau dans les terres végétales. — Variétés de terreau. — A. *Du terreau doux;* — B. *Du terreau acide;* — C. *De la tourbe;* — D. *De l'humus;* — E. *De l'acide carbonique;* — F. *Des matières azotées :* a. azote organique, — b. azote ammoniacal, — c. azote nitrique. — *Rôles de l'eau et de l'air* dans les terres végétales. — Comment la plante absorbe ses aliments. — Dissolution et diffusion des matières minérales. — Absorption des matières minérales solubles dans l'eau : — Dialyse ou osmose. — Absorption des matières minérales insolubles. — Composition générale de la terre végétale. — 1° Éléments physiques; — 2° Éléments assimilables en réserve, — 3° Éléments assimilables actifs.

CHAPITRE III

Propriétés physiques des terres et circonstances qui les modifient.

I. — Propriétés physiques : — Classement. — 1° Densité et poids des terres. — 2° Tenacité, cohérence et adhérence. — 3° Perméabilité et capillarité. — 4° Hygroscopicité. — 5° Hygrométricité. — 6° Contraction par la dessiccation. — 7° Propriétés absorbantes des terres. — 8° Propriétés colorifiques des terres.

II. — Circonstances modificatrices. — Recherches divisives des particules d'une terre. — Prise des échantillons d'une terre à analyser. — Appréciation des résultats de l'analyse : — 1° Dimensions des particules terreuses ; 2° Disposition des couches du terrain agricole : — *a*. Du sol ; — sol actif, — sol inerte. — *b*. Du sous-sol. — *c*. De la couche imperméable. — 3° Reliefs du terrain : plaines et plateaux ; — vallées et coteaux ; — montagnes. — 4° Pente du sol ; — Expositions. — 5° Altitude. — 6° Abris.

CHAPITRE IV.

Classification et description des terres.

I. — Utilité d'une classification des terres : — *A*. Classification primordiale selon de Gasparin. — *B*. Classification naturelle selon Masure. — *C*. Classification usuelle selon Pouriau. — *D*. Classification générale selon Boitel.

II. — Description des terres végétales. — Caractères des principaux types de terre, considérés dans leurs qualités inhérentes à la constitution minérale du sol au double point de vue des exigences des plantes agricoles et des façons culturales. — 1° Terres franches et limons. — 2° Terres calcaires et dérivées. — 3° Terres argileuses et dérivées. — 4° Terres siliceuses et dérivées. — 5° Terres humeuses. — Caractères spécifiques des terres. — Description complète d'une terre.

CHAPITRE V.

Détermination de la productivité relative des terres végétales.

De la fertilité et de l'épuisement. — Classification de la productivité des terres selon Royer.

I. *Indices extérieurs révélateurs de la productivité.* — *A*. Végétation sauvage et agricole ; — *B*. Animaux et insectes.

II. *Caractères de la productivité tirés des propriétés agricoles de la terre elle-même.* — Type idéal d'une terre parfaite. — Qualités et défauts agricoles des principales terres végétales. — Comparaison des terres selon leur degré de fraîcheur. — Comparaison des terres selon leur profondeur. — Terres stérilisées par la présence de matières nuisibles aux plantes. — Terres stérilisées par l'absence de matières utiles aux plantes — Carte agronomique de la France selon Delesse.

AMÉLIORATION DES TERRES VÉGÉTALES

CHAPITRE I.

Améliorations des terres par les amendements.

Définition des amendements.

I. — *Disciplinement des eaux en agriculture.*
— Moyens de remédier à leur insuffisance et à leur excès.

A. DES IRRIGATIONS : — Historique et importance des irrigations. — Les principes de l'irrigation.

a. *Des eaux d'arrosage :* — Matières en suspension et matières en dissolution. — Température des eaux. — Eaux naturelles. — Eaux d'usines. — Améliorations des eaux défectueuses. — Des moyens de se procurer des eaux d'arrosage : — 1° Dérivation ; — 2° Réservoirs ; — 3° Captation ; — 4° Machines élévatoires.

b. *Disposition du terrain pour recevoir l'arrosage.* — Méthodes d'irrigation : — 1° Par déversement ; — 2° Par submersion ; — 3° Par infiltration ; — 4° Par aspersion. Principe général : L'eau doit arriver partout et ne séjourner nulle part.

c. *Pratique de l'arrosage :* — Utilisation des eaux : — 1° Suivant les saisons ; — 2° Suivant les plantes arrosées ; — 3° Suivant les natures de terres ; — 4° Suivant les quantités d'eau disponibles. — Intermittence des arrosages. — Cas où il faut s'abstenir d'arroser.

d. *Résultats obtenus :* Prix de revient.

Plantation d'arbres comme moyen secondaire de diminuer la sécheresse des terres.

B. DESSÉCHEMENT DES TERRES HUMIDES. — Funestes effets d'une humidité surabondante. — Principe : L'eau en mouvement c'est la vie, mais l'eau stagnante c'est la décomposition et la mort. — Recherche des causes de l'humidité. — *a.* Curage des cours d'eau ; — *b.* Endiguement.

1° *Desséchement de terres marécageuses.*

2° *Egouttement des terres arables :* — *a.* par labour en billons ; — *b.* par labour de défoncement.

3° *Assainissement des terres arables :* — *a.* par fossés ouverts ; — *b.* par fossés couverts. — Objet du drainage. — *Théorie du drainage :* — Effets de l'air et de l'eau dans les terres drainées. — Résultats obtenus. — Prix de revient.

4° *Amélioration des terres submergées.* — *a.* Par exhaussement du sol par dédoublement. — *b.* Par l'établissement de marais roseliers.

II. — ***Moyens de modifier la tenacité des terres.*** — 1° Amendements terreux ; — 2° Calcination de l'argile ; — 3° Labour de défoncement ; — 4° Colmatage, — Terrement.

III. — *Soustraction des matières stérilisantes.* — 1° Entraînement par irrigation ; — 2° Neutralisation par amendements calcaires ; — 3° Enlèvement par épierrement.

IV. — *Terres stérilisées par l'absence de matières nutritives.* — Amélioration des terres par les engrais.

CHAPITRE II

Fertilisation des terres.

Théorie de la fertilisation. — Définition des engrais. — Pertes et compensations naturelles des terres arables. — Ce qu'enlève au sol une récolte de blé. — Nécessités des engrais. — Éléments servant d'aliments indispensables aux plantes agricoles. — Leur importance relative dans la restitution. — La fumure rationnelle doit être composée de substances organiques et de matières inorganiques. — Comment se nourrissent les plantes agricoles. — Disposition des racines ; — Profondeur à laquelle elles peuvent pénétrer ; — Cheminement des racines dans le terrain. — *A.* Absorption des matières alimentaires solubles. — *B.* Absorption des matières alimentaires insolubles. — Conditions d'efficacité des engrais. — Actions des terres arables sur les matières fertilisantes ; — Diffusion et transformations qu'elles y éprouvent. — Méthode agronomique pour déterminer la richesse des terres et des engrais. — Classification des matières fertilisantes.

I. — ENGRAIS MINÉRAUX

PREMIÈRE CLASSE. — *Matières minérales naturelles.*

Première section. — ENGRAIS MINÉRAUX CALCAIRES.

Généralités sur l'emploi des engrais calcaires. — Importance de la *chaux.* — Ses effets multiples. — Terres pauvres en chaux ; — Terres riches en chaux. — Moyens de déterminer les besoins du sol en chaux. — Proportions de chaux nécessaires aux terres arables : — 1° Au point de vue de l'ameublissement du sol ; — 2° Au point de vue de l'alimentation des plantes agricoles. — Déperditions naturelles de la chaux. — Exportation de la chaux par les récoltes. — Sources d'engrais calcaires.

A. DU CHAULAGE. — *Historique.* — Propriétés de la chaux. — Ses variétés. — Transport et conservation. — 1° *Pratique du chaulage.* — Différentes méthodes d'épandage de la chaux. — Conditions de réussite. — Époque du chaulage. — Quantités de chaux employées par hectare. — Poids de l'hectolitre ou du mètre cube. — Enterrage. — Emploi simultané de la chaux et des différents engrais. — 2° *Théorie du chaulage.* — A. Action de la chaux sur les matières organiques de la terre arable. — Destruction et combinaisons. — Action de la chaux sur les matières minérales du terrain. — Désagrégation et décomposition. — Augmentation de récoltes, mais épuisement des terres. — Abus et usage rationnel du chaulage.

B. Du Marnage. — Description de la marne. — Variétés. — Composition. — Exploitation des marnières. — 1° *Pratique du marnage*. — Terres auxquelles convient le marnage. — Transport et épandage ; — Époque ; — Quantités employées. — Enterrage. — Conditions de réussite. — Emplois simultané de la marne et des différents engrais. — 2° *Théorie du marnage*. — Ses effets sur les terres et sur les plantes agricoles.

Comparaison entre le chaulage et le marnage, au double point de vue cultural et économique.

C. Du Falunage. — *Faluns*. — Description et composition. — Gisement. — Transport et épandage.

Merl : — Origine et composition. — Emploi.

Trez, — *Tangue :* — Origine et composition. — Emploi.

D. Du Platrage. — *Historique*. — Description et composition. — Plâtre cru et plâtre cuit ; — plâtres résiduaires. — Effets du plâtre sur les plantes agricoles. — *a. Pratique du plâtrage*. — Époque, — Quantités ; Épandage. — Durée d'action. — *a. Théorie du plâtrage*.

Deuxième Section. — Engrais minéraux phosphatés naturels.

I. — Généralités sur l'emploi des engrais phosphatés. — Historique. — Importance du rôle de l'acide phosphorique dans l'alimentation des plantes agricoles. — Origine de l'acide phosphorique dans les terres. — Terres pauvres, — terres riches en acide phosphorique. — Moyens de déterminer les besoins des terres arables en acide phosphorique. — Analyse ; — Aspect des récoltes ; essais culturaux — Exigences des plantes agricoles en acide phosphorique. — Sources d'engrais phosphatés.

II. — PHOSPHATES NATURELS. — A. *Origine et importance des gisements de phosphates de chaux naturels.* — Variétés : — A. *Apatite :* — (Norvège ; — Nassau ; — Espagne, etc.). — B. *Phosphorites :* — (Quercy, — Estrémadure) ; — C. *Phosphates fossiles,* — modules et coprolithes : — (Ardennes, Meuse, Boulonnais, etc.). — D. *Sables et craies phosphatés :* — (Somme, Belgique, etc.). — Exploitations à ciel ouvert, — Exploitation par puits et galeries ; — Criblage, — fanage, — lavage des nodules ; — Travail à l'usine, — mouture, blutage, etc. — Composition ; — Falsification.

B. *Emploi agricole des phosphates de chaux naturels.* — Rôle des phosphates dans les terres acides de défrichement, — Épandage, — Époque, — Quantités employées ; — Enterrage. — Durée d'action. — Utilisation indirecte des phosphates fossiles, — Phosphatage des fumiers, — des composts. — Comparaison des phosphates naturels entre eux : 1° Au point de vue de l'assimilabilité ; — finesse des poudres ; — 2° Au point de vue économique.

Troisième Section. — ENGRAIS MINÉRAUX ALCALINS.

I. — *Généralités sur l'emploi des engrais potassiques.* — Rôle de la potasse dans l'alimentation des plantes agricoles. — Origine de la potasse dans les terres arables. — Terres

dénitrification. Déperdition des nitrates par les eaux de drainage. Exigences des plantes agricoles en azote. — Épuisement du sol en azote par les graminées. — Enrichissement du sol en azote par les légumineuses.

II. — *Des Nitrates.* — A. *Nitrate de soude.* — Gisements. — Extraction. — Composition. — Importance des importations de nitrate de soude. — Prix.

B. *Nitrate de potasse.* — Gisements. — Extraction. — Composition. — Falsification. — Prix.

C. *Nitrières artificielles.* — Conditions et matériaux propres à l'établissement des nitrières agricoles. — Salpètre des murailles ; — Terres nitrées.

III. — *Emploi agricole des nitrates.* — Solubilité des nitrates dans les terres. — Diffusion. — Régles générales d'emploi. — Quantités. — Pulvérisation. — Épandage. — Enterrage. — Mélange avec d'autres engrais.

DEUXIÈME CLASSE. — **Engrais minéraux industriels.**

Première Section. — ENGRAIS AZOTÉS INDUSTRIELS.

A. *Du Sulfate d'ammoniaque.* — Provenance. — Composition. — Falsification. — Emploi agricole. — Époques. — Quantités. — Pulvérisation. — Épandage. — Enterrage. — Mélange avec d'autres engrais. — Prix.

B. *Du Phosphate ammoniaco magnésien.*

C. *De l'Azotine.*

2

Deuxième Section. — ENGRAIS PHOSPHATÉS INDUSTRIELS.

Dénomination. — A. *Des Superphosphates de chaux*. — Historique. — Composition. — Provenance. — Emploi agricole. — Quantités. — Épandage. — Enterrage. — Prix.

B. *Des Phosphates précipités*. — Provenance. — Composition. — Emploi agricole : — Quantités, — Épandage, — Enterrage. — Prix.

C. *Des Phosphates métallurgiques*. — Provenance. — Composition. — Emploi agricole. — Quantités. — Épandage. — Enterrage. — Prix.

Conclusion : Valeur agricole comparative des superphosphates de chaux, des phosphates précipités, des phosphates métallurgiques et des phosphates fossiles.

Troisième Section. — ENGRAIS MINÉRAUX ALCALINS INDUSTRIELS.

Des Résidus de la combustion. — A. *a. Des cendres*. — Historique. — Provenance. — Nature et variétés. — Composition. — Emploi agricole. — Quantités. — Époque et épandage. — Effets et durée. — *b. Des charrées :* — Composition. — Falsification. — Emploi agricole. — Quantités. — Époque et épandage. — Enterrage. — Effets et durée. — *c. Des cendres de fumier ; — Cendres de varechs*. — *d. Des cendres de tourbes :* — Incinération. — Composition. — Emploi. — *e. Des cendres de houilles :* — Composition. — Emploi. — *f. Des cendres pyriteuses :* — Nature. — Extraction. — Composition. — Emploi agricole. — Terrains sur lesquels on les répand. — Quantités. — Époque et épandage. — Effets et durée.

B. *Des Suies.* — Provenance. — Récolte. — Composition. — Conservation. — Emploi agricole. — Quantités. — Époque et épandage. — Effets et durée.

C. *Des Engrais potassiques concentrés.* — Du *chlorure de potassium* et du *sulfate de potasse.* — Composition. — Provenances. — Prix. — Emploi agricole. — Quantités. — Époque et enterrage. — Dans les composts et les fumiers. — Effets parfois douteux.

D. *Du Système des engrais chimiques* de M. G. Ville. — Les quatre propositions. — Appréciation agricole du système. — Vulgarisation des engrais minéraux.

II. — ENGRAIS VÉGÉTAUX

Troisième Classe. — *Matières végétales vertes.*

Historique. — La sidération.

A. *Des Engrais verts produits sur la terre qu'ils doivent fertiliser.* — Plantes cultivées pour engrais verts : — lupin, — féveroles, — trèfle incarnat, — spergule, — sarrasin, — madia sativa, — moutarde blanche, etc. — État de végétation des plantes au moment de l'enterrage. — Modes d'enterrage. — Débris de récoltes. — Effets et durée.

B. *Des Engrais verts récoltés ailleurs que sur la terre qu'ils doivent fertiliser.* — Jeunes pousses de pin, — rameaux de buis, — sarments de vigne, — plantes aquatiques, — plantes marines. — Nature. — Composition. — Récolte du goëmon. — Varechs d'échouage. — Varechs de rives. — Époques des récoltes. — Modes d'emploi. — Quantités employées. — Effets et durée.

QUATRIÈME CLASSE. — ***Matières végétales mortes.***

A. *Des Litières diverses.* — Pailles et fanes, — feuilles d'arbres, — bruyères, — fougères, — genêts, — roseaux-mousses, — sciures de bois, — tourbes, — poussier de charbon, — cendres, — scories pillées, — terres humeuses. — Composition. — Pouvoir absorbant. — Emploi indirect comme engrais.

B. *Des Résidus végétaux industriels.* — *a. Tourteaux.* — Historique. — Variétés. — Composition. — Falsification. — Pulvérisation. — Modes d'emploi. — Quantités. — Épandage. — Enterrage. — Effets et durée. — *b. Marcs :* — marc de raisin, — marcs de pommes et de poires. — Touraillons. — Composition. — Emploi agricole. — Quantités. — Époque et épandage. — Effets et durée. — *c.* Autres résidus et déchets : des tanneries, — des féculeries, — des sucreries et des distilleries.

III. — ENGRAIS ANIMAUX

CINQUIÈME CLASSE. — ***Déjections de l'homme.***

Dénomination. — Historique. — Répugnances et préjugés. — Innocuité. — Nature. — Quantités produites. — Composition. — Valeur fertilisante des déjections de l'homme. — Cabinets d'aisances. — Désinfection des matières fécales.

Systèmes employés pour utiliser les déjections de l'homme. — *A.* Emploi des matières fécales recueillies dans les campagnes. — *B.* Emploi des matières fécales recueillies dans les villes. I. — *Déperdition des déjections humaines dans les villes :* — Gaspillage et insalubrité qu'il faut éviter à tout prix.

II. — *Utilisation des matières fécales à l'état naturel.* — Méthode flamande. — Fosses fixes et fosses mobiles.

III. — *Utilisation des excréments de l'homme desséchés.* — 1° Poudrette : fabrication barbare. — Falsification. — Emploi et valeur fertilisante de la poudrette ; — 2° Eaux vannes : — leur utilisation.

IV. — *Autres traitements des matières fécales.* — *A.* Noir animalisé ; — *B.* Chaux animalisée ; — *C.* Terreau animalisé ; — *D.* Le système à la terre ; — *E.* Le système à l'eau. — *F.* Suppression des fosses d'aisances urbaines. — *G.* Le système du « *Tout à l'égout.* » — Non, mais le système « *du rien à l'égout, tout à l'usine.* — *H. Système Berlier :* vidange par canalisation tubulaire et pneumatique ; — et poudrette obtenue par dessiccation rapide par le *système Guillaume* pour le traitement des matières organiques insalubres. — Conclusion.

Sixième Classe. — **Déjections des animaux.**

I. — *Des Fientes de volailles :* a. *Pouline.* — Nature. — Composition. — Récolte. — Emploi. — Quantités. — Époque et épandage. — Effets et durée. — *b. Colombine.* — Nature. — Composition. — Récolte. — Emploi. — Quantités. — Époque et épandage. — Effets et durée.

II. — *Des Guanos.* — Historique. — Provenances. — Nature. — Composition. — Conservation. — Altération. — Falsification. — Guanos ammoniacaux et phopho-guanos. — Emploi. — Quantités. — Époques et épandage. — Enterrage. — Effets et durée. — Valeur agricole.

III. — *Excréments des herbivores.* — A. *Excréments des bêtes ovines.* — Parcage. — Avantages et inconvénients. — Clôture du parc. — Espace carré par tête. — Époque du parcage. — Préparation de la terre arable qui doit recevoir le parcage. — Conduite du parcage. — Façon culturale qui doit suivre le parcage. — Effets et durée. — La transhumance. — B. *Excréments des bêtes chevalines.* — C. *Excréments des bêtes bovines.* — Parcage dans les pâturages de montagnes : Avantages et inconvénients. — D. *Excréments des porcs.* — Emploi agricole.

SEPTIÈME CLASSE. — **Matières animales autres que les déjections.**

I. — *Du Sang.* — Historique. — Composition. — Désinfection et utilisation du sang des animaux. — Dangers et remèdes. — Sang desséché. — Emploi agricole. — Quantités. — Époque et épandage. — Enterrage. — Effets et durée.

II. — *De la Chair musculaire.* — Historique. — Clos d'équarrissage. — Préparations. — Composition. — Emploi

IV. — ENGRAIS MIXTES

(MÉLANGE DE MATIÈRES FERTILISANTES DES TROIS RÈGNES).

Huitième Classe. — *Du fumier de ferme.*

raies ou fumure ordinaire ; — 2º Fumure en lignes ou à la Cumberland ; — 3º Fumure en couverture ou à plat. — Actions du fumier dans les différentes natures de terre. — Actions du fumier sur les principales plantes agricoles.

IV. — VALEUR DES FUMIERS.

Valeur utilitaire : effets physiques et chimiques. — Les engrais industriels doivent servir de complément au fumier de ferme. — Valeur intrinsèque et valeur commerciale.

NEUVIÈME CLASSE. — *Engrais complexes.*

A. DES BOUES DE VILLE. — Dénomination. — Départ quotidien des résidus des ménages. — Récolte et transport journalier sur un dépôt temporaire. — Préparation. — Composition. — Emploi agricole. — Effets et durée.

B. DES COMPOSTS. — Définition. — Historique. — Emplacement. — Préparation. — Réunion : 1º de matières terreuses prédominantes ; — 2º de matières organiques diverses, végétales et animales ; — 3º de matières salines. — Entassement. — Arrosage. — Recoupage. — Durée de la préparation. — Emploi. — Transport et épandage. — Effets et durée.

DIXIÈME CLASSE. — *Engrais liquides.*

Dénomination. — Historique. — Avantages et inconvénients des engrais liquides. — Réservoirs appropriés pour la préparation des engrais liquides. — Distribution des engrais liquides :

— 1º En irrigation par infiltration ; — 2º En arrosage avec tonneaux et écopes ; — 3º En arrosage par aspersion. — Système tubulaire de Chadwick. — Utilisation agricole des liquides urineux ; — purin ; — lizier ; — vidanges et des eaux d'égouts des villes. — Emploi à Milan, — à Edimbourg, à Gennevillers, près Paris.

TROISIÈME PARTIE

L'AGRICULTURE
INTRODUCTION ET DIVISIONS

Première Partie

PRATIQUE DE L'AGRICULTURE

Chapitre I. — *Façons culturales.*

OBJET ET SUBDIVISION

Première Section. — **Des Défrichements.**

Historique. — Obstacles généraux qui s'opposent à la réussite des défrichements.

A. Défrichement de bois. — Inopportunité des défrichements de bois. — Effets du déboisement : — 1° sur la population ; — 2° sur le terrain ; — 3° sur le climat d'un pays. — Pratique du défrichement de bois, — déboiseuse.

B. Défrichement de landes. — Étendue et situation des terres incultes en France. — Opportunité des défrichements

de landes, mais danger de les entreprendre inconsidérément.
— Trois cas seulement dans lesquels on peut défricher avec
sécurité. — Pratique du défrichement de landes. — Opérations préliminaires. — 1° *Défrichement à bras :* — *a.* Essar-
tage ; — *b.* Écobuage ; — Pratique de l'écobuage ; — Effets
de l'écobuage. — Étrépage. — 2° *Défrichement à la charrue.*
— Méthode suivie pour tirer le meilleur parti des terres
pauvres. — Boisement quelques années après le défrichement.

C. Défrichement des terres de marais.

Nécessité des abris et des clôtures dans les terres défrichées.

Deuxième Section. — **Du Labourage.**

I. — Importance du labourage. — Ses effets multiples.

1° *Labourage à bras.* — *a.* Emploi de la bêche, — de la
fourche. — *b.* Emploi du pic, — de la pioche, — de la houe.
— Surface labourée à bras par journée d'homme.

2° *Labourage à la charrue.* — Célérité des labours à la
charrue. — Fonction et agencement des organes principaux
de la charrue. — Conditions que doit remplir une charrue
pour être bonne. — Comparaison des araires et des charrues
à avant-train. — Supériorité des charrues françaises dites bra-
bants doubles. — Conséquences pratiques de l'adoption d'une
bonne charrue.

Des bissocs et des polyssocs.

Du labourage à la vapeur. — Historique. — Conditions et
résultats constatés.

II. — Fonctionnement de la charrue ou manuel de la charrue. — Largeur de la bande de terre par rapport à la profondeur du labour. — Théorie du réglage de la charrue. — Conduite de la charrue. — Caractères d'un bon labour.

III. — Exécution des labours a la charrue. — Direction à donner aux labours à la charrue. — Enrayure, — endos, — dérayure. — Des tournées. — Différentes sortes de labour à la charrue.

A. *Formes des labours.* — *a.* Labour à plat ; — *b.* labour en planches ; — labour en pointes ; — *c.* labour en billons. — Avantages et inconvénients des billons. — Leur exécution et leur destruction.

B. *Profondeur des labours.* — *a.* Labour superficiel. — Déchaumage ; — *b.* labour ordinaire ; — *c.* labour profond ; — *d.* labour de défoncement. — Importance et avantages des labours de défoncement. — Manières différentes de les exécuter. — *a.* Sol inerte ou sous-sol restant sur place ; — *b.* Mélange des couches terreuses ; — *c.* Renversement des couches souterraines sur le sol actif.

C. *Influences des saisons sur les labours.* — Aptitude labourable d'une terre arable. — Terre gâtée. — Nombre et succession des labours.

IV. — De la Jachère. — Définition. — Historique : — 1° La jachère considérée comme moyen de bonifier la terre ; — 2° La jachère considérée comme moyen de nettoyer la terre. — Cas dans lesquels la jachère doit être exécutée. — Pratique de la jachère.

Troisième Section. — **Des façons culturales superficielles.**

A. Du Hersage. — Son objet. — Conditions que doit remplir une herse pour être bonne. — Conduite de la herse.

B. Du Scarifiage et de l'extirpage. — Leur objet et leur utilité. — Conditions que doit remplir un cultivateur pour être bon. — Conduite du cultivateur.

C. Du Roulage. — Son objet. — Conditions que doit remplir un rouleau pour être bon. — Conduite du rouleau.

D. Des Binages. — Leur utilité. — Temps propice pour les exécuter : — 1° Binages à bras ; — 2° Binages à la houe à cheval. — Conduite des houes simples et des houes multiples.

E. Des Sarclages. — Distinction entre les binages et les sarclages. — Éclaircissage. — Exécution des sarclages.

F. Du Buttage. — Son objet. — Conduite du buttoir. — Rabot de raies.

G. Destruction des herbes adventices. — Considérations générales. — Herbes nuisibles les plus communes. — Moyens spéciaux employés pour les détruire. — Moyens généraux d'empêcher leur propagation.

Chapitre II. — *Ensemencements.*

Objet et importance des ensemencements. — Semailles et plantations.

I. — **Des Semailles.** — 1º Choix des semences : — *Sélection de la plante-outil :* — *a.* Choix des semenceaux ; — Transmissibilité des caractères ; — *b.* Qualités de semences ; — *c.* Conservation des semences ; — *d.* Du renouvellement périodique des semences ; — *e.* Essai des semences.

2º Conditions d'une bonne germination.

3º Époque des semailles.

4º Profondeur à laquelle les semences sont enterrées.

5º Quantités de semences employées.

6º Préparation des semences. — 1º *Triage ;* — 2º *Préservation :* — *a.* Procédé Beauceron (1777) ; — *b.* Procédé Dombasle (1835) ; — *c.* Procédé Benedict Prévost (1807) ; — *d.* Procédé Davaine (1831). — Pralinage des semences.

7º Méthodes d'ensemencement. — A. *Semailles à la volée.* — 1º Habileté pratique du semeur ; — Semoir ; — Marche du semeur ; — Disposition des trains, leur orientation. — Semaille par croisement. — Avantages. — Conditions essentielles pour qu'un champ soit uniformément semé ; — 2º Rapports entre la quantité de semence à répandre par hectare, les pas, les trains et les poignées du semeur ; — 3º Disposition des sacs de semence sur le champ ; — 4º Enterrage des semences à la herse, — au scarificateur, — à la charrue. — Semaille sur raies et semaille sous raies.

B. *Semaille au semoir mécanique.* — Historique des semoirs. — Conditions que doit remplir un semoir pour être bon. — Essai sur place des semoirs. — Supériorité des semailles en lignes sur les semailles à la volée. — *Avantages des semoirs mécaniques :* — 1º Distribution excellente de la semence ; — 2º Économie de semence ; — 3º Possibilité des binages ; — 4º Plus de résistance aux intempéries, à la verse, etc. ; — 5º Augmentation de récolte.

Inconvénients reprochés aux semoirs mécaniques : — 1º Haut prix des semoirs ; — 2º Complication de leur mécanisme ; — 3º Nécessité de l'appropriation préalable des terres arables ; — 4º Lenteur de l'exécution des semailles au semoir ; — 5º Semaille par suite plus coûteuse. — Conclusion. — Adoption et conduite du semoir mécanique.

C. DES SEMIS EN PÉPINIÈRE. — Conditions que doit remplir une pépinière pour être convenable. — Semis à la volée ; — Semis en lignes. — Soins d'entretien de la pépinière.

II. **De la Transplantation des plantes herbacées**. — Bon arrachage du plant. — Habillage. — Trempage. — Pratique de la plantation : 1º au piquet, — 2º à la houe à main, — 3º à la charrue. — Conditions de réussite.

CHAPITRE III. — *Récoltes.*

I. **De la Fenaison.** — Définition. — Deux séries d'opérations successives.

A. ÉPOQUE DE LA COUPE DES FOURRAGES.

B. DU FAUCHAGE. — A. *Fauchage à la faux.* — Qualités et réglage de la faux. — Travail journalier d'un faucheur. — B. *Fauchage mécanique :* — Conduite et travail journalier de la faucheuse.

A. Époque de la coupe des céréales.

B. Moissonnage a bras. — *a*. Faucillage. — *b*. Sapage. — *c*. Fauchage. — Comparaison. — Hauteur des chaumes.

C. Moissonnage mécanique. — Historique des moissonneuses. — Leur grande utilité. — Moissonneuses-javeleuses. — Moissonneuses-lieuses. — Conduite et travail d'une moissonneuse.

D. Javelage. — Moyettes. — Gerbage. — Confection des liens. — Liage. — Dizelage. — Glanage.

E. Transport et conservation des gerbes. — Granges ou gerberies. — Gerbières ou meules. — Principes généraux de la confection d'une meule de gerbes. — Formes et dimensions adoptées. — Couverture.

F. Égrainage des céréales. — *a*. *Battage à bras au fléau en granges,* — *en plein air.* — *b*. *Dépiquage par les pieds des animaux.* — *c*. *Dépiquage par le rouleau.* — *d*. *Battage mécanique :* — Historique des machines à battre. — Supériorité du battage mécanique sur les autres modes d'égrainage. — Choix et essai d'une machine à battre : — 1º Quantité de travail effectué ; — 2º Qualité de ce travail ; — 3º Conservation de la paille.

G. Nettoyage des Grains. — *a*. Vannage ; — *b*. Ventage ; — *c*. Ventage mécanique. — Criblage des grains.

H. Conservation des Grains. — Conditions que doit remplir un grenier pour être convenable : Pelletage des grains. — Ensilage des grains. — Silos anciens et silos modernes. — Silo Doyère. — Greniers conservateurs mobiles et greniers fixes. — Système pneumatique du Dr Louvel, en vases clos.

Deuxième Partie.

PHYTOTECHNIE

Étude spéciale de chacune des plantes agricoles aux divers points de vue de son origine, de ses espèces et de ses variétés, de ses exigences climatiques, telluriques et culturales, de ses ennemis, de sa récolte et de l'utilisation de ses produits.

CHAPITRE I. — *Plantes Fourragères.*

Première Section. — **Des Prairies et des Pâturages permanents.**

I. — Définitions. — Utilité et importance des prairies et des pâturages permanents. — Historique. — Classement des herbes des gazons permanents. — 1° *Plantes utiles :* A. Plantes principales. — *B.* Plantes secondaires. — *C.* Plantes assaisonnantes. — 2° *Plantes nuisibles : A.* Plantes nuisibles au bétail. — *B.* Plantes nuisibles aux gazons. — Végétation des herbes dans les prairies et pâturages permanents. — Circonstances qui changent la constitution des gazons. — Classification des prairies : 1° Prairies élevées ou sèches ; — 2°. Prairies moyennes ; — 3° Prairies basses. — Classification des pâturages : 1° Pâturages de landes ; — 2° Pâturages de bois ; — 3° Pâturages dans les montagnes : La transhumance ; — 4° Pâturages dans les marais ; — 5° Pâturages sur les friches.

Motifs de conversion temporaire des prés et pâturages en terres arables. — Conclusion.

Deuxième Section. — **Des Prairies temporaires.**

Définition : Pourquoi le qualificatif en usage de « Prairies artificielles » est-il impropre? — Avantages que présentent les prairies temporaires.

1° *Du Trèfle des prés cultivé.* — Dénomination et synonymie. — Historique. — Description. — Variété. — Espèces spéciales voisines : Trèfle rampant. — Trèfle hybride. — Trèfle élégant. — Climature. — Terrain : Nature. — Fertilité. — Engrais. — Préparation. — Semaille : Semence. — Qualités. — Impuretés. — Falsification. — Quantités. — Époque et exécution des semis. — Association d'autres plantes avec le Trèfle. — Végétation. — Façons culturales d'entretien : Plâtrage. — Engrais spéciaux. — Plantes et animaux nuisibles. — Altérations et Maladies. — Récolte : Époques. — Pâturage. — Fauchage. — Fanage. — Rendement. — Composition et valeur du fourrage en vert et en sec. — Récolte des graines. — Durée d'existence des trèflières. — Répugnance du trèfle cultivé. — Valeur commerciale du foin et des graines.

2° *De l'Anthyllide.* — Dénomination. — Historique. — Description. — Variétés. — Climature. — Terrain. Nature, Fertillité. — Préparation. — Semaille : Semence. — Qualités. — Impuretés. — Quantités. — Époque et exécution des semis. — Mélanges. — Végétation. — Récolte :

— Fertilité. — Engrais. — Préparation. — Semaille :
Semence. — Qualités. — Impuretés. — Falsification. —
Quantités. — Mélanges. — Époque et exécution des semis. —
Végétation. — Façons culturales d'entretien. — Altération. —
Récolte : Époque. — Fauchage. — Fenaison. — Pâturage. —
Rendement. — Valeur fourragère. — Récolte des graines. —
Durée d'existence. — Valeur commerciale des graines.

6° *Du Fromental ou Ray-grass de France.*

7° *De la Fléole ou Timothy-grass.*

8° *Du Vulpin des prés.*

Des mélanges de différentes graminées fourragères. —
Épuisement des terres par les graminées fourragères.

9° *De la Chicorée sauvage.*

10° *De la Pimprenelle.*

11° *De l'Ajonc.* — Dénomination. — Historique. — Des-
cription. — Espèces et variétés. — Climature. — Terrain. —
Nature. — Fertilité. — Préparation. — Semaille : Semence.
— Choix des semences : Quantités. — Époque et exécution
des semis. — Végétation. — Récolte : Époque. — Coupe des
pousses annuelles. — Préparation du fourrage haché et pilé.
— Composition et valeur nutritive des pousses herbacées. —
Rendement et durée des ajonnières. — Récolte des graines.
Valeur commerciale des bonnes semences d'ajonc.

12° *Des Genêts.*

13° *Des Feuilles d'arbres.* — Historique. — Espèces. —
Récoltes des feuillards et des feuillées. — Conservation. —
Distribution. — Composition et valeur nutritive.

Troisième Section. — **Plantes fourragères annuelles et bisannuelles fauchables.**

1° *Du Trèfle incarnat.* — Dénomination. — Historique. — Description. — Variétés. — Climature. — Terrain : Nature, — Fertilité. — Préparation. — Semaille : Semence, — Qualités. — Fraudes. — Quantités. — Époque et exécution des semis. — Végétation. — Façons d'entretien. — Animaux nuisibles. — Récolte : — Époque. — Pâturage, — Fauchage. — Consommation en vert. — Conservation par l'ensilage. — Rendement. — Valeur fourragère. — Récolte des graines. — Valeur commerciale des graines.

2° *De la Lupuline.* — Dénomination. — Description. — Climature. — Terrain : Nature, — Fertilité, — Préparation. — Semaille : Semence. — Qualités et Quantités. — Époque et exécution des semis. — Végétation. — Façons d'entretien. — Récolte : Époque. — Fauchage. — Pâturage. — Rendement. — Composition et valeur fourragère. — Récolte des graines. — Valeur commerciale des graines.

3° *Des Vesces.* — Dénomination, — Historique. — Description. — Variétés et espèces voisines. — Climature. — Terrain : Nature, — Fertilité, — Engrais. — Préparation. — Semaille : Semence. — Qualités et Quantités. — Céréales pour soutien. — Époque et exécution des semis. — Végétation. — Oiseaux et insectes nuisibles. — Récolte : Époque, — Fauchage, — Fenaison. — Pâturage. — Composition et valeur nutritive du fourrage vert, — du foin, des fanes, et des

Végétation. — Façons culturales d'entretien. — Binages et buttage. — Arrosage. — Récolte du maïs fourrage : — 1º pour être consommé en vert; — 2º pour être fané ; — 3º pour être ensilé. — Rendement. — Composition et valeur fourragère. — Valeur commerciale des graines.

11º *Du Sorgho sucré.*

12º *Des Mohas.* — Dénomination. — Description. — Espèces. — Climature. — Terrain : Nature, — Fertilité. — Préparation. — Semaille : — Semence, — Qualités et Quantités. — Époque et exécution des semis. — Végétation. — Récolte : — Époque; — Fauchage, — Fanage. — Rendement. — Composition et valeur nutritive. — Récolte des graines. — Valeur commerciale des graines.

13º *De la Moutarde blanche.* — Description. — Climature. — Terrain : Nature, — Fertilité. — Préparation. — Semaille : Semence : Qualités et Quantités. — Époque et exécution des semis. — Végétation. — Récolte : Epoque, Fauchage. — Rendement. — Composition et valeur nutritive. — Récolte des graines. — Valeur commerciale des graines.

14º *Des fourrages mélangés.* — Associations les plus en usage.

Quatrième Section. — **Plantes fourragères sarclées.**

1º *Des Choux fourrageux.*

A. — I. *Des Choux feuilles.* — Dénomination. — Historique. — Description. — Espèces et Variétés. — Climature. — Terrain : Nature, — Fertilité. — Engrais. — Préparation.

Engrais spéciaux : fumier de ferme et engrais industriels, azotés, phosphatés, potassiques et calcaires. — Enterrage des engrais. — Préparation du terrain. — Semaille : Semence. — Qualités et Quantités. — Espacement des lignes. — Époque et exécution des semis : 1° A la main ; 2° Au semoir mécanique. — Profondeurs à laquelle la semence doit être enterrée. — Semis en pépinière et transplantation. — Façons culturales d'entretien. — Binages. — Sarclages. — Dédoublement et éclaircissages successifs. — Végétation normale : Effeuillaison. — Maladies et insectes nuisibles. — Récolte : Époque. — Maturité des racines. — Arrachage. — Décolletage et nettoyage. — Rentrée : Transport. — Conservation des betteraves fourragères, en cellier, en silos. — Rendements divers. — Poids du mètre cube des racines. — Composition et valeur nutritive des betteraves fourragères, des feuilles et des pulpes. — Récolte des graines. — Choix des porte-graines : Sélection. — Choix physiques. — Choix densimétrique et saccharimétrique. — Conservation. — Plantation des porte-graines. — Soins d'entretien. — Cueillette des tiges. — Égrainage. — Quantités de graines produites. — Conservation des graines. — Utilisation des betteraves sucrières. — Saccharification. — Distillation. — Produits industriels obtenus. — Valeur commerciale des racines et des graines.

8° *Du Panais*. — Dénomination. — Historique. — Description. — Variétés. — Climature. — Terrain : Nature, Fertilité. — Engrais. — Préparation. — Semaille : Semence. — Qualités et Quantités. — Époque et exécution des semis. — Façons culturales d'entretien. — Récolte : Époque. — Arra-

— 46 —

chage. — Conservation. — Rendement. — Composition et
valeur nutritive des feuilles et des racines. — Récolte des
graines.

9° *Des Carottes*.— Dénomination.—Historique.—Descrip-
tion. — Variétés principales. — Climature. — Terrain :
Nature. — Fertilité. — Engrais.— Préparation. — Semaille :
Semence. — Qualités et Quantités. — Persillage. — Époque
et exécution des semis; — à la main ou au semoir. — Espacement des lignes. — Végétation. — Façons culturales d'entretien : Sarclages, Éclaircissages successifs. — Binages. —
Insectes nuisibles. — Récolte : Époque. — Arrachage. —
Nettoyage. — Transport et conservation des carottes. —
Rendement. — Composition et valeur nutritive des feuilles et
des racines. — Récolte des graines. — Valeur commerciale
des racines et des graines.

10° *Du Topinambour*. — Dénomination.— Historique. —
Description. — Climature. — Terrain : Nature, Fertilité. —
Préparation. — Plantation : Choix des tubercules. — Époque
et exécution de la plantation. — Espacement des lignes et des
tubercules. — Végétation. — Façons culturales d'entretien.
— Hersages. — Binages. — Buttage. — Cultures successives
du topinambour sur le même champ. — Enlèvement des tiges
vertes pour la nourriture du bétail. — Récolte : Époque. —
Arrachage à bras. — Nettoyage. — Distribution au bétail. —
Composition et valeur nutritive des tiges, des feuilles vertes
et des tubercules. — Emploi des fanes sèches. — Rendement :
tiges vertes et fanes. — Alcool obtenu par la distillation des

tubercules. — Destruction complète des topinambours dans un champ qui en a produit.

11° *Des Pommes de terre.*— Dénomination.— Historique. — Description. — Variétés principales. — Climature. — Terrain : Nature, — Fertilité.— Engrais spéciaux. —Préparation. — Modes de propagation : Graines, boutures, tubercules. — Choix des tubercules. — Quantités. — Plantation. — Époque et exécution. — Espacement des lignes et des tubercules : — 1° Plantation à la bêche. — 2° Plantation à la charrue. — Végétation normale de la Pomme de terre. — Façons culturales d'entretien : Hersages. — Binages. — Buttage. — Arrosages. — Soustraction des fleurs. — Maladies, altérations, insectes nuisibles. — Récolte : Époque. — Maturité des tubercules. — Arrachage à bras. — Arrachage au buttoir. — Ressuage. — Chaulage. — Conservation en cellier, en silos. — Aération. — Pelletages. — Rendement : Poids de l'hectolitre. — Utilisation des tubercules : 1° A la nourriture de l'homme. — 2° A la nourriture des animaux. — Cuisson. — Composition et valeur nutritive des tubercules. — Emploi des fanes. — 3° Produits industriels retirés des tubercules. *a.* Fécule. — *b.* Alcool. — *c.* Pulpe. — Valeur commerciale de la Pomme de terre.

Chapitre II. — *Plantes alimentaires.*

Première Section. — **Céréales.**

Dénomination. — Importance des céréales.
1° *Du Blé.* — Dénomination.— Historique.— Description.
Espèces et principales variétés des meilleurs blés. — Climature.
— Terrain : Nature; — Fertilité; — Fumier de ferme et
engrais industriels nécessaires. — Bonnes et mauvaises places
du blé dans les assolements. — Préparation. — Semaille :
Semence. — Qualités des blés de semence. — Triage. —
Grosseur et poids des grains. — Chaulage et sulfatage. —
Quantités, — Époque et exécution : 1° Semaille à la volée, —
Sur raies ou sous raies; — 2° Semailles en lignes. — Végétation du froment. — Façons culturales d'entretien. — Engrais
pulvérulents répandus en couverture au printemps. — Hersage.
— Roulage. — Binages et sarclages. — Effanage. — Maladies et altérations. — Insectes, oiseaux et animaux ravageurs
des blés. — Récolte : Maturité, — Époque, — Moisson, —
Rendement. — Composition et valeur nutritive. — Conservation des grains. — Qualités et défauts des grains de
froment. — Poids de l'hectolitre. — Utilisation des produits
des blés : Grains, farines et issues. — Pailles et balles. —
Prix des blés.

2° *Du Seigle.* — Historique : Description, — Variétés, —
Climature. — Terrains : Nature, — Fertilité, — Préparation.
— Semailles : Semence, — Qualités et Quantités, — Époque

et exécution, — Plantes, — Insectes et animaux nuisibles, — Maladie, — Ergot. — Récolte : Maturité, — Époque, — Moisson, — Battage au tonneau, — Rendement, — Composition et valeur nutritive, — Utilisation du grain et de la paille, — Valeur commerciale.

3° *Du Méteil*.

4° *De l'Orge*. — Historique : Description, — Espèces et variétés principales. — Climature. — Terrain : Nature, — Fertilité. — Préparation. — Semaille : Semence. — Qualités et quantités. — Époque et exécution. — Végétation. — Façons culturales d'entretien. — Maladies. — Plantes et animaux nuisibles. — Récolte. — Maturité. — Époque. — Moisson. — Ébarbage. — Rendement. — Composition et valeur nutritive. — Utilisation du grain et de la paille. — Valeur commerciale.

5° *De l'Avoine*. — Historique. — Description. — Espèces et variétés principales. — Climature. — Terrain : Nature, — Fertilité. — Préparation. — Semaille : Semence. — Qualités et Quantités. — Époque et exécution. — Végétation. — Façons culturales d'entretien. — Maladies et animaux nuisibles. — Récolte : Maturité. — Époque. — Moisson. — Rendement. — Composition et valeur nutritive. — Utilisation du grain et de la paille. — Valeur commerciale.

6° *Du Sarrasin*. — Dénomination. — Historique. — Description. — Espèces et variétés principales. — Climature. — Terrain : Nature, — Fertilité. — Préparation. — Semaille : Semence. — Qualités et Quantités. — Époque et exécution

Chapitre III. — *Plantes industrielles.*

Première Section. — **Plantes oléifères.**

1° *Du Colza.* — Historique. — Description. — Variétés. — Climature. — Terrain : Nature. — Fertilité. — Engrais. — Préparation. — 1° Culture par semis sur place. — Semaille : Semence. — Qualités et Quantités. — Époque et exécution des Semis. — *a.* A la volée. — *b.* En ligne ; — 2° Culture par semis en pépinière : Étendue de la pépinière. Caractère d'un bon plant. — Transplantation. — Époque et exécution. — *a.* Au plantoir. — *b.* A la charrue. — Espacement des lignes et des plants. — Travaux complémentaires de la plantation. — Végétation du colza. — Façons culturales d'entretien. — Binages. — Buttages. — Écimage. — Insectes et oiseaux nuisibles. — Récolte : Maturité. — Époque de la coupe des tiges. — Javelage. — Mise en moyettes et en meules. — Égrainage : *a.* Sur champ. — *b.* A la meule. — Conservation de la paille. — Rentrée des graines dans les grainiers. — Nettoyage et conservation des graines. — Rendement : En graines, en paille, en siliques, en troncs. — Composition. — Utilisation des produits : graines, huile. — Tourteaux. — Siliques. — Pailles. — Troncs. — Valeur commerciale.

2° *De la Navette.*

3° *Du Pavot.* — Dénomination. — Historique. — Espèces et variétés. — Climature. — Terrain : Nature. —

Fertilité. — Préparation. — Semaille : Semence. — Qualités et Quantités. — Époque et exécution des semis. — Végétation. — Façons culturales d'entretien. — Intempéries. — Animaux nuisibles. — Récolte : maturité. — Époque et exécution. — Arrachage des tiges. — Mise en faisceaux. — Égrainage et nettoyage. — Récolte du pavot aveugle. — Conservation des graines. — Rendement. — Composition. — Utilisation des produits : Graines. — Huile. — Tourteaux. — Tiges. — Opium. — Valeur commerciale.

4° *De la Caméline.*

5° *Du Madia sativa.*

6° *Du Sésame.*

7° *De l'Arachide.*

8° *De l'Hélianthe annuel.*

Deuxième Section. — **Plantes textiles.**

1° *Du Lin.* — Historique. — Description, Variétés. — Climature. — Terrain : Nature. — Fertilité. — Engrais. — Préparation. — Semaille : Semence. — Qualités et Quantités. — Choix des semences. — Époque et exécution des semis. — Lins ramés. — Végétation. — Façon culturale d'entretien. — Animaux et plantes nuisibles. — Récolte. — Maturité. — Époque et exécution. — Arrachage des tiges. — Récolte des graines. — Rendement : en tiges, en graines. — Composition. — Utilisation des graines. — Tiges. — Filasse. — Valeur commerciale.

2° *Du Chanvre.* — Historique. — Description. — Variétés. — Climature. — Terrain : Nature. — Fertilité. — Engrais nécessaires. — Préparation. — Semaille : Semence. — Qualités et Quantités. — Époque et exécution des semis. — Taillis. — Épouvantails. — Éclaircissage. — Végétation. — Plantes et animaux nuisibles. — Récolte : maturité. — Époque et exécution. — Arrachage des pieds mâles. — Mise en bottes des tiges. — Arrachage des pieds femelles. — Récoltes des graines. — Égrainage. — Nettoyage et conservation des graines. — Opérations qui suivent l'arrachage des tiges. — Triage. — Assortiment. — Enlèvement des racines. — Rouissages divers. — Teillage. — Peignage. — Apprêt des filasses. — Rendements. — Utilisation des produits. — Graines. — Tiges. — Filasse. — Valeur commerciale.

3° *De la Ramie.*

Troisième Section. — **Plantes tinctoriales.**

1° *De la Garance.* — Historique. — Description. — Climature. — Terrain : Nature. — Fertilité. — Engrais. — Préparation. — Défoncement. — Ameublissement. — Modes de propagation. — 1° Par semis. — Choix des semences. — Qualités et Quantités. — Époque et exécution des semis. — 2° Par boutures. — Plantations. — Époque. — Espacement des lignes et des plants. — Végétation. — Façons culturales d'entretien. — 1re année. — Binages. — Éclaircissage. — Repiquage. — Arrosage. — Buttage. — Fauchage des tiges. — 2e année. — Labour à la Fourche. — Binage. — Ar-

Destruction des feuilles et des plants avariés. — Récolte des graines. — Récolte des feuilles : Maturité. — Cueillette des feuilles et coupe des tiges. — Dessiccation. — Mise à la pente. — Mise en tas. — Triage des feuilles. — Mise en manoques. — Livraison des tabacs. — Produits par hectare. — Prix des tabacs. — Propriétés, usages et effets du tabac. — Nicotine. — Régime fiscal du tabac.

Cinquième Section. — **Plantes condimentaires**.

1º *De la Moutarde*. — Historique. — Description. — Variétés. Climature. — Terrain : Nature, — Fertilité. — Préparation. — Semaille : Semence. — Qualités et Quantités. — Époque et exécution des semis. — Végétation. — Récoltes : Maturité. Époque et coupe des tiges. — Égrainage, nettoyage et conservation des graines. — Rendement. — Utilisation des graines et des tiges. — Valeur commerciale.

2º *De la Chicorée à café*. — Historique. — Description. — Climature. — Terrain : Nature, — Fertilité. — Préparation. — Semaille, — Semence. — Qualités et Quantités. — Époque et exécution des semis. — Végétation. — Façons culturales d'entretien. — Enlèvement des feuilles. — Récolte : Maturité. — Époque et arrachage des racines. — Nettoyage. — Préparation des racines. — Division. — Dessiccation. — Déchets des cosettes. — Récolte des graines. — Utilisation des produits. — Fabrication de la poudre de chicorée. — Valeur commerciale.

Sixième Section. — **Plante à Carde.**

De la Cardère : — Dénomination. — Historique. — Des-
cription. — Climature. — Terrain : Nature, — Fertilité. —
Préparation. — Semaille : Semence. — Qualités et Quantités.
— Époque et exécution des semis. — Semis à demeure. —
Semis en pépinière. — Transplantation. — Végétation. —
Façons culturales d'entretien. — 1re année et 2e année. —
Éclaircissage. — Binages. — Buttage. — Écimage. — Sup-
pression des drageons. — Enlèvement des têtes avariées. —
Plantes nuisibles. — Maladies. — Intempéries. — Récolte.
— Maturité. — Epoque et exécution. — Dessiccation des
têtes. — Mise en paquets. — Rendement. — Récolte des
tiges. — Utilisation des têtes et des tiges. — Valeur com-
merciale.

Septième Section. — **Culture spéciale de la vigne.**

Chapitre I. — *Historique de la viticulture.* — En Europe,
en Asie, en Afrique et en Amérique. — *Ampélographie :*
Principaux Cépages issus du Vitis vinifera. — I. Vignes à
raisins de cuves : 1° Cépages du Languedoc et de la Provence ;
— 2° Cépages de la Bourgogne, du Lyonnais et du Beaujolais ;
— 3° Cépages du Jura ; — 4° Cépages de la Gironde ; — 5°
Cépages des Charentes. — II. Vignes à raisins de table. —
III. *Vignes américaines.* — A. Cépages principaux issus du
Vitis Æstivalis ; — B. Cépages issus du Vitis Riparia ; — C.
Cépages issus du Vitis Rupestris et du Berlandieri ; — D. Cé-
pages hybrides.

Troisième Partie.

LES ASSOLEMENTS

Considérations générales sur les assolements. — Historique. — Nécessité de l'alternance. — Systèmes pour expliquer l'alternat. — Véritable théorie de l'alternance : basée sur les facultés épuisantes des plantes agricoles. — Statique de la productivité. — Épuisement par les plantes. — Restitution par les engrais. — Équilibre de la productivité. — Lois agricoles des assolements dérivant de la nécessité de : 1º Ne cultiver que les plantes agricoles appropriées à la climature ; — 2º Maintenir la terre arable toujours suffisamment meuble, propre et fertile. — Place et successions des plantes dans les assolements.

ADDENDA

	Tomes.	Pages.	
1883.	II.	206.	— Science et pratique.
1884.	II.	476.	— Des composts.
1885.	II.	457.	— L'enseignement agricole à l'École primaire rurale.
1885.	II.	671.	— Les vers de terre dans la formation de la terre végétale.
1886.	I.	19.	— Un mot sur les vers de terre.
1886.	I.	605-652.	— Des binages et des sarclages.
1886.	II.	670-738-947.	— De l'utilisation des déjections humaines.
1887.	I.	857.	— Comment se nourrissent les plantes.
—	II.	229.	— Création des blés généalogiques français.
—	II.	508.	— De la chaux et des effets multiples dans le sol.
1888.	I.	636.	— L'humus et des effets multiples dans le sol.
1895.	II.	595.	— Succès et revers en agriculture.

Imp. Fr. Simon, Rennes (872-96).

www.ingramcontent.com/pod-product-compliance
Ingram Content Group UK Ltd.
Pitfield, Milton Keynes, MK11 3LW, UK
UKHW020010080726
13614UKWH00003B/1312